Sitzungsberichte der Heidelberger Akademie der Wissenschaften

Stiftung Heinrich Lanz

Mathematisch-naturwissenschaftliche Klasse

*) *Jahrgang* 1921 *erschien im Verlage von Carl Winters Universitätsbuchhandlung in Heidelberg.*

Im Verlag von Walter de Gruyter & Co. vormals G. J. Göschen'sche Verlagshandlung — J. Guttentag, Verlagsbuchhandlung — Georg Reimer — Karl J. Trübner — Veit & Comp., Berlin, erschienen:

Abteilung A. Mathematisch-physikalische Wissenschaften.

Jahrg. 1922: 3 Hefte. — Jahrg. 1923: 5 Hefte. — Jahrg. 1924: 11 Hefte.

Abteilung B. Biologische Wissenschaften.

Jahrgang 1923: 1 Heft.

Von Jahrgang 1925 *ab findet die Trennung in Abteilung A und B nicht mehr statt.*

Vom Jahrgang 1925 sind 15 Hefte, vom Jahrgang 1926 13 Hefte erschienen. Verzeichnisse auf Wunsch.

Jahrgang 1927. 1. Loewy, Alfred. Neue elementare Begründung und Erweiterung der Galoisschen Theorie. Reichsmark 1.60

2. Liebmann, Heinrich. Rhombische Geradennetze im Raum. Reichsmark 1.—
3. Volk, Otto. Über geodätische Dreiecknetze auf Flächen konstanten Krümmungsmaßes. Reichsmark 1.80
4. Pütter. A. Chemische Reizwirkung und Giftwirkung. Mit einem mathematischen Anhang: Ein Diffusionsproblem von E. Trefftz. Reichsmark 2.40
5. Rembs, Eduard. Die Verbiegung des verlängerten Rotationsellipsoids. Reichsmark 1.60
6. Mayer, Adolf. Naturwissenschaftliche Ästhetik. Reichsmark 0.90
7. Mayer, Adolf. Naturwissenschaftliche Volkswirtschaftslehre. Reichsm. 0.80
8. Baer, R., Kapferer, H., Krull, W., Schmidt, F. K. Beiträge zur Algebra. Nr. 5—10. Reichsmark 6.20
9. Müller, Max. Über die Eindeutigkeit der Integrale eines Systems gewöhnlicher Differentialgleichungen und die Konvergenz einer Gattung von Verfahren zur Approximation dieser Integrale. Reichsmark 2.50
10. Freudenberg, Karl. Intramolekulare Umlagerung optisch-aktiver Systeme. Reichsmark 1.—
11. Roeser, Ernst. Abbildung der hyperbolischen Ebene auf die Kugel mittels der Beziehung zwischen Lot und Parallelwinkel. Reichsmark 1.—
12. Rüger, L. Die direkte gebirgsgetreue Übertragung der auf dem Universaldrehtisch gewonnenen Messungsergebnisse gebirgsorientierter Schliffe in das Diagramm. Reichsmark 1.20
13. Jost, L. Elektrische Potentialdifferenzen an der Einzelzelle. Reichsmark 1.90

Jahrgang 1928. 1. Rüger, L. Einige Bemerkungen zur Darstellung tektonischer Elemente, insbesondere von Klüften und Harnischen. Reichsm. 1.20

2. Herbst, Curt. Untersuchungen zur Bestimmung des Geschlechts. Ein neuer Weg zur Lösung des Geschlechtsbestimmungsproblems bei Bonellia viridis. Reichsmark 1.50
3. Merton, Hugo. Untersuchungen über die Entstehung amöbenähnlicher Zellen aus absterbenden Infusorien. Reichsmark 2.20
4. Baer, Reinhold. Zur Einordnung der Theorie der Mischgruppen in die Gruppentheorie. Reichsmark 2.20

(Fortsetzung siehe 3. Umschlagseite)

*) Bestellungen auf solche Veröffentlichungen der math.-naturw. Klasse, welche früher im Verlag von Carl Winters Universitätsbuchhandlung in Heidelberg erschienen sind, nimmt auch der Verlag Walter de Gruyter & Co., Berlin, entgegen.

Sitzungsberichte
der Heidelberger Akademie der Wissenschaften
Mathematisch-naturwissenschaftliche Klasse
Jahrgang 1932. 3. Abhandlung

Über die nichteuklidischen regulären Polyeder

Von

Ernst Roeser
Bottrop

Vorgelegt von Heinrich Liebmann in Heidelberg

Sitzung vom 19. Februar 1932

Berlin und Leipzig 1932
Walter de Gruyter & Co.
vormals G. J. Göschen'sche Verlagshandlung / J. Guttentag, Verlagsbuchhandlung / Georg Reimer / Karl J. Trübner / Veit & Comp.

Archiv-Nr. 52 04 32.

Druck von Walter de Gruyter & Co., Berlin W 10

Einleitung.

Über Bewegungsgruppen und Raumeinteilungen im hyperbolischen Raum ist im Artikel III, A. B. 12 (Polyeder und Raumeinteilungen) der Mathemat. Encyklopädie berichtet, a. a. O. Nr. 54. Doch scheinen die i. F. mitgeteilten Polyederbeziehungen noch nicht bekannt zu sein. Sie dienen hier übrigens nur als Ausgangspunkt einer Betrachtung, die aus jedem Polyeder der einen Geometrie eins der andern herleitet. Wir wollen Körper und Polygone beider Raumformen als konjugiert zu einander bezeichnen, wenn die Kanten und Seiten der sph. Gebilde die Komplemente zu den Parallelwinkeln der Kanten und Seiten der hyperb. sind.

Diese Methode, eine Verbindung zwischen beiden Räumen herzustellen, ist zwar nicht so umfassend wie der bekannte imaginäre Übergang, aber sie scheint doch eine prinzipielle Bedeutung zu besitzen, denn auch beim allgemeinen Dreieck entstehen auf diese Weise einfache Beziehungen zwischen den Winkeln der beiden Figuren. Daß dies auch beim allgemeinen Viereck der Fall ist, wird sich im letzten Abschnitt dieser Arbeit erweisen.

§ 1. Konjugierte reguläre Vielecke.

Da die regulären Körper von regulären Polygonen begrenzt sind, so seien zunächst für diese die Winkelbeziehungen hergeleitet. Im Interesse des kürzeren Ausdrucks soll i. F. stets das Komplement des Lobatschefskijschen Parallelwinkels als Parallelwinkel (Pw.) bezeichnet werden. Außerdem sollen die sph. Strecken immer den Index 1 erhalten. Sie sind also mit den entsprechenden hyperbolischen verbunden durch die Gleichung:

$$(1) \qquad \cos a_1 = \frac{1}{ch\, a} \qquad \left[a_1 = \frac{\pi}{2} - \Pi(a)\right]$$

Für die halben Seiten lautet die Beziehung:

$$(2) \qquad \sin\frac{a_1}{2} = \frac{sh\frac{a}{2}}{\sqrt{ch\, a}}; \qquad \cos\frac{a_1}{2} = \frac{ch\frac{a}{2}}{\sqrt{ch\, a}}; \quad \operatorname{tg}\frac{a_1}{2} = \operatorname{th}\frac{a}{2}.$$

Alle Gleichungen bleiben natürlich richtig, wenn die hyp. Größen durch die sphärischen ersetzt werden und umgekehrt.

In den beiden Ebenen gelten für das reguläre n-Eck die Gleichungen:

$$(3) \qquad \sin\frac{\lambda_1}{2} = \frac{\cos\frac{\pi}{n}}{\cos\frac{a_1}{2}} \quad \text{und} \quad \sin\frac{\lambda}{2} = \frac{\cos\frac{\pi}{n}}{ch\frac{a}{2}}.$$

Da $\frac{1}{\cos^2\frac{a_1}{2}} + \frac{1}{ch^2\frac{a}{2}} = \frac{1}{\cos^2\frac{a_1}{2}} + \frac{\cos a_1}{\cos^2\frac{a_1}{2}} = 2$ ist, so folgt

$$(4) \qquad \sin^2\frac{\lambda}{2} + \sin^2\frac{\lambda_1}{2} = 2\cos^2\frac{\pi}{n}$$

und für die ganzen Winkel:

$$(5) \qquad \cos\lambda + \cos\lambda_1 = -2\cos\frac{2\pi}{n} = 2\cos\left(\pi - \frac{2\pi}{n}\right).$$

Das arithmetische Mittel der Cosinus konjugierter Vieleckswinkel ist gleich dem Cosinus des euklidischen Vieleckswinkels. Werden die Seiten der nichteuklidischen Vielecke unendlich klein, so werden die Winkel gleich und Gleichung 5 zeigt, daß sie dann dem euklidischen Winkel gleich werden. Da $\cos\frac{2\pi}{n}$ sich leicht aus der Summe von $\cos\frac{2\pi}{n} + i\sin\frac{2\pi}{n}$ und $\cos\frac{2\pi}{n} - i\sin\frac{2\pi}{n}$ mit Hilfe des Einheitskreises darstellen läßt, so sind λ und λ_1 leicht aus einander zu konstruieren.

Aus Rechnung und Zeichnung folgt, daß nur für $n = 5$ zum polaren sph. Fünfeck (Pentagramma mirificum) ein rechtwinkliges hyp. Vieleck gehört. Zum rechtwinkligen Sechseck gehört der in sechs gleiche Teile geteilte Kreis.

§ 2. Konjugierte Polyeder.

Es sei m die Anzahl der an einer Ecke zusammenstoßenden Flächen, n die Seitenzahl einer Fläche, R, r und ϱ die Radien der drei Kugeln (durch Ecken, Kanten und die einbeschriebene Kugel), k der Flächenwinkel an einer Kante und a und λ Seite und Winkel einer Begrenzungsfläche. Beschreibt man um eine Ecke eine Kugel, so wird ein sph. m = Eck heraus geschnitten, dessen Seiten die Vieleckswinkel sind, dessen Umkreisradius der Winkel zwischen R und a ist. Im sph. Raum ergeben sich dann die Gleichungen:

$$\text{I.}\quad\begin{cases}
1.\ \sin R_1 = \dfrac{\sin\frac{\pi}{m}}{\sqrt{\sin^2\frac{\pi}{m} - \cos^2\frac{\pi}{n}}}\sin\dfrac{a_1}{2} = A\cdot\sin\dfrac{a_1}{2}\\[2ex]
2.\ \sin r_1 = \dfrac{\cos\frac{\pi}{m}}{\sqrt{\sin^2\frac{\pi}{m} - \cos^2\frac{\pi}{n}}}\,\mathrm{tg}\dfrac{a_1}{2} = B\cdot\mathrm{tg}\dfrac{a_1}{2}\\[2ex]
3.\ \sin\dfrac{\lambda_1}{2} = \dfrac{\cos\frac{\pi}{n}}{\cos\frac{a_1}{2}}\\[2ex]
4.\ \sin\dfrac{k_1}{2} = \dfrac{\cos\frac{\pi}{m}}{\cos\frac{\lambda_1}{2}}\\[2ex]
5.\ \sin\varrho_1 = \sin r_1\cdot\sin\dfrac{k_1}{2}
\end{cases}$$

Da $A^2 - B^2 = 1$ und $A > 1$ ist, kann man setzen $A = ch\,s$, $B = sh\,s$. s ist dann für alle Körper einer Gattung, z. B. alle Tetraeder konstant.

Ersetzen wir die trigonometrischen Funktionen der Strecken durch die hyperb. $\left(\frac{\pi}{m}\text{ und }\frac{\pi}{n}\text{ bleiben natürlich bestehen}\right)$, so gelten die Formeln im hyp. Raum, und unterdrücken wir die Funktionen der Strecken, so entstehen die euklidischen Gleichungen. In Gl. 3 ist im letzteren Fall noch $\cos\frac{a_1}{2} = 1$ zu setzen, also ist: $\lambda_1 = \pi - \frac{2\pi}{n}$

Im besondern gehen die Formeln für das Oktaeder in die des Hexaeders über, wenn m mit n vertauscht wird. Derselbe Zusammenhang besteht zwischen Ikosaeder und Dodekaeder.

Lassen wir zwischen a_1 und a die Beziehung 1 von § 1 bestehen, so gelten zwischen beiden Räumen die Gleichungen:

$$\text{II.}\quad\begin{cases}
6.\ \dfrac{\sin R_1}{sh\,R} = \dfrac{1}{\sqrt{ch\,a}} = \sqrt{\cos a_1} \qquad 9.\ \dfrac{\sin\frac{k_1}{2}}{sh\,\frac{k}{2}} = \dfrac{\cos\frac{\lambda}{2}}{\cos\frac{\lambda_1}{2}}\\[2ex]
7.\ \dfrac{\sin r_1}{sh\,r} = 1\\[2ex]
8.\ \dfrac{\sin\frac{\lambda_1}{2}}{\sin\frac{\lambda}{2}} = \sqrt{ch\,a} = \dfrac{1}{\sqrt{\cos a_1}} \qquad 10.\ \dfrac{\sin\varrho_1}{sh\,\varrho} = \dfrac{\sin\frac{k_1}{2}}{\sin\frac{k}{2}}
\end{cases}$$

Es ergibt sich jetzt auch ein Zusammenhang der hyp. Körper mit den euklidischen, wenn wir die Körper im sph. Raum so groß wie möglich annehmen, denn dann wird $R = \frac{\pi}{2}$, und ihre Oberfläche bedeckt gerade die sph. Ebene, vom euklidischen Standpunkt aufgefaßt die Kugel, und diese Kugeleinteilung gibt die euklidischen Polyeder. Aus dem Formelsystem 1 folgt, daß für

$$\sin\frac{a_1}{2} = \frac{1}{A} \tag{11}$$

wirklich $R = r = \varrho = \frac{\pi}{2}$ wird, denn es ist:

$$\operatorname{tg}\frac{a_1}{2} = \frac{1}{\sqrt{A^2-1}} = \frac{1}{B}, \quad \text{also} \quad \cos\frac{a_1}{2} = \frac{B}{A} = \frac{\cos\frac{\pi}{n}}{\sin\frac{\pi}{m}}$$

also aus Gl. 3: $\lambda_1 = \frac{2\pi}{m}$ und aus Gl. 5: $\sin\varrho_1 = 1$

Aus dem System *II* folgt dann:

$$sh\,R = \sqrt{ch\,a} = \frac{1}{\sqrt{\cos a_1}} \quad \text{wobei} \quad ch\,a = \frac{1}{\cos a_1} = \frac{\sin^2\frac{\pi}{m}}{2\cos^2\frac{\pi}{n} - \sin^2\frac{\pi}{m}}$$

$$sh\,r = \sin r_1 = 1,$$

$$sh\,\varrho = \sin\frac{k}{2}$$

Für Hexaeder, Ikosaeder, Dodekaeder ist der Reihe nach $ch\,a = \frac{1}{\cos a_1} = 3;\ \sqrt{5};\ \frac{3}{\sqrt{5}}$, sodaß diese drei Strecken in beiden Geometrieen zusammen die Seiten eines rechtwinkl. Dreiecks bilden.

Für das Oktaeder ist $cha = \infty$, für das Tetraeder aber ist da a_1 stumpf ist ($cha = -3$, also negativ) kein hyp. Gegenstück vorhanden.

Diese Feststellung ist wichtig, denn sie zeigt, daß der Bereich der hyp. Tetraeder kleiner ist als der der sph., für die drei letzten Körper ist der Bereich größer, für die Oktaeder aber sind die Bereiche in beiden Raumformen gleich. Es gehört zu jedem hyp. Oktaeder ein sph., die Kanten wachsen im ersten Fall von 0 bis ∞, im zweiten Fall von 0 bis $\frac{\pi}{2}$.

Hyperbolische Polyeder mit unendlich langer Kante: Für diese sind die Flächen nullwinklig, aus Gl. 4 folgt daher; da $\cos\frac{\lambda}{2} = 1 : k = \pi - \frac{2\pi}{m}$.

Die Kantenwinkel sind gleich den euklidischen Vieleckswinkeln, wie es auch sein muß, denn eine Ecke mit parallelen Kanten schneidet aus der Grenzkugel Dreiecke mit der Winkelsumme π heraus. Diesen Körpern entsprechen, wie schon aus dem vorigen hervorgeht nur im Fall des Oktaeders und Tetraeders sph. Körper, denn nur für sie bleibt, wenn $a_1 = \frac{\pi}{2}$, $\sin R \gtreqless 1$.

Das *Tetraeder* muß einer besonderen Betrachtung unterzogen werden. Dem nullwinkligen entspricht das sph. mit $R_1 = \frac{\pi}{3}$; $r_1 = \frac{\pi}{4}$; $\varrho_1 = \frac{\pi}{6}$; $k_1 = \lambda_1 = \frac{\pi}{2}$. Wenn man dieses an einer seiner Seitenflächen spiegelt, so entsteht ein singulärer regulärer Körper, dessen drei Kanten gleich π, dessen Flächenwinkel $k = \frac{\pi}{2}$ sind. Die Seitenflächen sind Zweiecke mit dem Winkel $\frac{\pi}{2}$. Bilden wir noch mehr solche Körper, indem wir statt $\frac{\pi}{2}$ den Zweiecken den Winkel $\frac{\pi}{n}$ geben, so entsteht eine Reihe von Körpern, die etwa dem von KLEIN als sechsten regulären bezeichneten Dieder entspricht. Während jetzt alle hyp. Tetraeder einem sph. zugeordnet sind, ist es umgekehrt nicht der Fall, denn R_1 kann noch wachsen bis $\frac{\pi}{2}$. Erst dann haben wir wieder die Überdeckung der sph. Ebene, die Seitenfläche wird ein Dreieck mit dem Winkel $\frac{2\pi}{3}$. Stumpfwinkligen Dreiecken entsprechen aber, wie früher gezeigt [1]) rechtwinklige Sechsecke. Rücken die Kanten des nullw. Tetraeders noch weiter auseinander, so erhalten je zwei Kanten ein gemeinsames Lot, jede Ecke des Tetraeders wird abgestumpft und bildet ein gleichseitiges Dreieck. Den so von vier rechtwinkl. Sechsecken und vier Dreiecken begrenzten Körper kann man zwar nicht mehr regulär nennen, aber er bildet die natürliche Fortsetzung der Tetraederreihe, wenn die Kanten immer weiter auseinander rücken. Dem größten sph. Tetraeder (Ebene) entspricht also ein Körper mit zwei verschiedenen Arten von Flächen.

Damit wären die sph. Tetraeder aufgebraucht, nicht so die hyp., denn wir können uns den Prozeß weiter fortgesetzt denken.

---

[1]) Roeser: der reelle Übergang zwischen dem nichteuklidischen Geometrien. Heidelb. Berichte 1926.

Die Dreieckskanten werden immer länger, die Dreiecke werden schließlich nullwinklig, ebenso gehen die Sechsecke in nullwinklige Dreiecke über. Es ist auf diese Weise das Oktaeder mit unendlichen Kanten entstanden. Die Menge der zuletzt beschriebenen Körper hat im sph. Raum kein Analagon.

Zuordnung Kleinscher Fundamentalbereiche.

Die Zuordnung der Polyeder beruht auf der Möglichkeit, zu jedem regulären Polygon der einen Geometrie eins der andern zu bestimmen, dadurch daß man Seiten und Winkel durch die Gleichungen 1 und 5 von § 1 aus einander bestimmt. Wie früher gezeigt, lassen sich aber auch allgemeine Dreiecke aus einander ableiten, wenn man Gl. 1 beibehält, Gl. 5 aber durch $\cos \lambda_1 = \frac{\cos \lambda}{ch\, a}$ usw. ersetzt. Für $a = b = c$ folgt natürlich die Gleichung 5 für $n = 3$, d. h.

$$\cos \lambda + \cos \lambda_1 = 1$$

Im Fall rechtwinkliger Dreiecke vereinfacht sich die Winkelbeziehung dahin, daß die Winkel beider Dreiecke Komplemente werden, die in bezug auf die Seiten ihre Lage vertauschen. Solche konjugierten Dreiecke haben die gleiche Abweichung von π und damit gleichen Flächeninhalt.

Die Zerlegung der Kugel, wie sie KLEIN bei den automorphen Funktionen anwendet, führt bei Oktaeder und Tetraeder zu Dreiecken mit den Winkeln $\frac{\pi}{2}\frac{\pi}{3}\frac{\pi}{4}$ und $\frac{\pi}{2}\frac{\pi}{3}\frac{\pi}{3}$. Die konjugierten Dreiecke mit den Winkeln $\frac{\pi}{2}\frac{\pi}{6}\frac{\pi}{4}$ und $\frac{\pi}{2}\frac{\pi}{6}\frac{\pi}{6}$ schließen sich zum rechtwinkligen Sechseck und zum Sechseck mit der Winkelsumme 2π, sie bedecken also die hyperbolische Ebene. Da die gleichseitigen Dreiecke bei der Oktaeder- und Tetraedereinteilung einerseits und die Sechsecke andererseits komplementäre Umkreisradien haben, kann man die entsprechenden Figuren leicht auseinander konstruieren. Legen wir um den Mittelpunkt M der Sechsecke eine Kugel und errichten in den Eckpunkten dieser Figuren Lote auf der Ebene, so schneiden die durch M gezogenen hyp. Parallelen zu diesen Loten die Kugel in den Endpunkten der entsprechenden sph. Figur. Im Sechseck ist jedesmal eine Ecke zu überspringen.

Die Diëdereinteilung $\frac{\pi}{2}\frac{\pi}{2}\frac{\pi}{n}$ führt auf $\frac{\pi}{2}, 0, \frac{\pi}{2} - \frac{\pi}{n}$ und damit auf die nullwinkligen Polygone. Ist $\frac{\pi}{2} - \frac{\pi}{n}$ ein ganzer Teil von 2π so wird die Ebene ganz überdeckt. Es tritt dies ein in den Fällen 3, 4, 6 und unendlich.

Auch im Fall des Ikosaeders lassen sich die Figuren auseinander konstruieren es tritt aber keine Überdeckung der Ebene ein.

Allgemeine Beziehungen zwischen vier Punkten.

Die Zuordnung der allgemeinen Dreiecke beruht auf einem Gesetz, das zu drei Punkten der einen Geometrie drei der andern bestimmt. Liegen sie in der einen Ebene in einer Geraden, so ist dies in der andern nicht mehr der Fall. Entsprechendes läßt sich auch für vier Punkte zeigen. Liegen sie in dem einen Raum in einer Ebene, so tun sie dies nicht in dem andern. Die Streckengleichung ist wieder Gleichung 1. Die andere ergibt sich dadurch, daß man die Diagonale eines Vierecks zweimal ausdrückt und die Seiten aus der andern Geometrie einführt.

$$\cos a_1 \cos b_1 + \sin a_1 \sin b_1 \cos A_1 = \cos c_1 \cos d_1 + \sin c_1 \sin d_1 \cos C_1$$

$$\frac{1}{ch\,a\,ch\,b} + th\,a \cdot th\,b \cos A_1 = \frac{1}{ch\,c\,ch\,d} + th\,c\,th\,d \cos C_1$$

$$ch\,c \cdot ch\,d - sh\,c \cdot sh\,d \cdot ch\,a \cdot ch\,b \cos C_1 = ch\,a\,ch\,b - sh\,a\,sh\,b\,ch\,c\,ch\,d \cos A_1$$

Setzt man: $ch\,a \cdot ch\,b \cos C_1 = \cos C$ u. $ch\,c \cdot ch\,d \cos A_1 = \cos A$, so folgt die Gleich. für ein hyp. Viereck:

$$ch\,c\,ch\,d - sh\,c\,sh\,d \cos A = ch\,a\,ch\,b - sh\,a\,sh\,b \cos C.$$

Die Winkelbezeichnung lautet also:

$$\cos A = \frac{\cos A_1}{\cos c_1 \cos d_1} \quad \text{u.} \quad \cos A_1 = \frac{\cos A}{ch\,c\,ch\,d}.$$

Der Kosinus eines Viereckswinkels ist also durch das Produkt der Kosinus der gegenüber liegenden Seiten zu dividieren, um den Kosinus der Seite in der andern Geometrie zu erhalten.

§ 5. Geometrische Zusammenhänge.

Der Unterschied zwischen den Bereichen der sph. und hyp. Gebilde läßt sich leicht durch folgende Betrachtung überblicken, die man an den Polygonen anstellen kann. Die sph. Ebene werde dargestellt durch eine im hyp. Raum liegende Kugel $sh\,r = 1$. Das größte sph. n = Eck besteht dann aus dem in n Teile geteilten Äquator, die halbe Seite ist also $\frac{a_1}{2} = \frac{\pi}{n}$. Betrachten wir die sph. Gerade als Kreis der hyp. Ebene und legen um ihn das umbeschriebene *n-Eck*, so ist:

$$tg\frac{\pi}{n} = \operatorname{tg}\frac{a_1}{2} = \frac{th\frac{a}{2}}{sh\,r} = th\frac{a}{2} \quad \text{also} \quad \cos a_1 = \frac{1}{ch\,a}.$$

Nur für $n = 4$ entspricht somit dem größten sph. auch das größte hyp. Vieleck, denn dieses wird nullwinklig. Zum größten Dreieck gibt es kein konjugiertes sphärisches und für $n > 4$ muß der Bereich der hyp. Polygone größer sein. Wir können nun auch zu jedem sph. n = Eck leicht das konjugierte finden. Sei auf der Kugel irgend ein n-Eck gegeben, so verbinden wir die Mitte einer Seite mit dem Mittelpunkt der Kugel und errichten in der so bestimmten hyp. Ebene im Endpunkte des Radius das Lot. Das durch die beiden Endradien der Polygonseite bestimmte Stück des Lotes ist hyp. Polygonseite, denn es ist $tg\frac{a_1}{2} = th\frac{a}{2}$. Für die Stücke des größten konjugierten Vielecks gelten die Formeln:

$$ch\,a = \frac{1}{\cos\frac{2\pi}{n}} \qquad \sin^2\frac{\lambda}{2} = 2\cos^2\frac{\pi}{n} - 1 = \cos\frac{2\pi}{n}.$$

Da $ch\,r = \dfrac{\cos\frac{\lambda}{2}}{\sin\frac{\pi}{n}}$, so folgt $ch\,r = \sqrt{2}$, also in der Tat $sh\,r = 1$.

Auch die hyp. Polyeder, die zu den größten sph. gehören, lassen sich mit der Kugel $sh\,r = 1$ konstruieren, es sind diejenigen, die sie als Kantenkugel besitzen. Dieselbe Rolle wie in der Ebene das Viereck spielt natürlich hier das Oktaeder.

5. Baer, Reinhold. Über die Zerlegungen einer Mischgruppe nach einer Untermischgruppe. Reichsmark 1.50
6. Roeser, Ernst. Komplementäre Körper der beiden nichteuklidischen Geometrien. Reichsmark 1.—
7. Krull, Wolfgang. Primidealketten in allgemeinen Ringbereichen. Rm. 1.10
8. Salomon, Wilhelm. Geol. Beobachtungen des Leonardo da Vinci. Rm. 0.90
9. Liebmann, Heinrich. Die Sätze von Lie und Gambier über Kurven eines Linienkomplexes. Reichsmark 0.90
10. Merz, K. W. Über den Wirkungsantagonismus von Blutkörperchen und Serum bei chemisch faßbaren biologischen Vorgängen. Reichsmark 1.20
11. Mühlbach, R. Über Raumkurven in der Möbiusschen Geometrie. Rm. 1.20
12. Ernst, Paul. Wurzeln der Medizin. Reichsmark 1.50
13. Mayer, Adolf. Naturwissenschaftliche Apologetik des Christentums. Rm. 1.60
14. Baer, Reinhold. Beiträge zur Galoisschen Theorie. Reichsmark 1.80
15. Salomon, Wilhelm. Neue geologische Beobachtungen im Baitonegebiet des Adamello. Reichsmark 0.90
16. Erdmannsdörffer, O. H. Über Disthen-Andalusitparagenesen. Rm. 1.20
17. Schneidt, Max. Kurvennetze ohne Umwege. Reichsmark 1.30
18. Bopp, K. J. H. Lamberts und A. G. Kaestners Briefe, aus den Gothaer Manuskripten herausgegeben. Reichsmark 2.20
19. Freudenberg, K. Zur Kenntnis des Fichtenholz-Lignins. Reichsmark 1.10

Jahrgang 1929. 1. Volk, Otto. Über Flächen mit geodätischen Dreiecksnetzen. Reichsmark 2.50
2. Schmidt, F. K., Krull, W., Breuer, S. Beiträge zur Algebra. Nr. 11—13. Reichsmark 1.80
3. Hieber, W. Zur Kenntnis der chemischen Reaktionen des Eisencarbonyls. Reichsmark 0.90
4. Salomon, Wilhelm. Gletscherbeobachtungen am Vadret Lischanna (Unterengadin). Reichsmark 1.—
5. Salomon, Wilhelm. Arktische Bodenformen in den Alpen. Reichsm. 2.50
6. Müller, Max. Über die Greensche Funktion des Laplaceschen Differentialausdruckes. Reichsmark 1.50
7. Rüger, L. Machairodus latidens Owen aus den altdiluvialen Sanden von Mauer a. d. Elsenz. Reichsmark 0.90
8. Lenard, P. Über Energie und Gravitation. Reichsmark 1.90
9. Deecke, W. Zur Entstehung der Kare. Reichsmark 0.80
10. Roeser, E. Neue Sätze über sphärische und hyperbolische Fünfecke. Reichsmark 1.—
11. Baldus, R. Über Eulers Dreieckssatz in der absoluten Geometrie. Rm. 1.—
12. Trautz, M. Die Reibung, Wärmeleitung und Diffusion in Gasmischungen. II. Reichsmark 2.80
13. Sander, B., u. Felkel, E. Zur tektonischen Analyse von Schmelztektoniten. Reichsmark 2.50
14. Scholz, Arnold. Beiträge zur Algebra. Nr. 14. Reichsmark 1.20
15. Baer, Reinhold. Beziehungen zwischen den Grundbegriffen der Topologie. Reichsmark 1.60
16. Herbst, Curt. Untersuchungen zur Bestimmung des Geschlechts. Weitere Experimente über die Vermännlichung indifferenter Bonellia-Larven durch künstliche Mittel. Reichsmark 3.—
17. Erdmannsdörffer, O. H. Über Alkalihornblenden aus dem Radautal. Reichsmark 0.80
18. Gruber, Friedrich. Neuer Beweis des Transversalensatzes in der absoluten Geometrie. Reichsmark 0.80
19. Rosenthal, A. Über die Existenz der Lösungen von Systemen gewöhnlicher Differentialgleichungen. Reichsmark 1.20

Jahrgang 1930. 1. Gottfried, C. Über kontaktmetamorphe Gesteine des Baitonegebietes in der Adamellogruppe (Italien). Reichsmark 1.—
2. Rüger, L. Über einen Granulit mit „Sekundärschieferung" von Auerswalde i. S. Reichsmark 1.50
3. Beiträge zur Algebra Nr. 15—17: a) Kapferer, Heinr. Über Schnittpunktsysteme mit vorgeschriebenen Multiplizitätszahlen. b) Kapferer, Heinr.

Eine idealtheoretische Lösung des Cramerschen Paradoxons, die jeden singularen Fall umfaßt. c) SCHOLZ, ARNOLD. Über das Verhältnis von Idealklassen und Einheitengruppen in Abelschen Körpern von Primzahlpotenzgrad. Reichsmark 3.20

4. KINZL, HANS. Flußgeschichtliche und geomorphologische Untersuchungen über die Feldaistsenke im oberösterreichischen Mühlviertel und die angrenzenden Teile Südböhmens. Reichsmark 3.20
5. BALDUS, RICHARD. Zur Axiomatik der Geometrie III. Über das Archimedische und das Cantorsche Axiom. Reichsmark 0.80
6. SALOMON-CALVI, WILHELM. Epeirophorese. Teil I. Reichsmark 1.40
7. WELLSTEIN, JULIUS. Zur Klassifikation der regulären Scharen quadratischer Formen. Reichsmark 1.—
8. BETTMANN. Über Modellierungen des Gefäßendabschnittes. Reichsmark 2. —
9. ROESER, ERNST. Sphärische und hyperbolische Vielecke. Reichsmark 1.65
10. KAUFMANN, BORIS. Über die Ränderzuordnung bei topologischen Abbildungen in der Ebene und im Raume. Reichsmark 1.65
11. SCHEFFEN, WALTHER. Pseudopemphix Fritschii Wüst, Lithogaster tiefenbachensis Assm. und Pemphix Sueurii Desm. Reichsmark 3.20
12. VOELCKER, ILSE. Felis issiodorensis Croizet von Mauer a. d. E. Rm. 1.40
13. SALOMON-CALVI, WILHELM. Epeirophorese. Teil II. Geodätische Beweise. Reichsmark 1.—
14. FREUDENBERG, KARL. Kritik an der Berechnung des optischen Drehungsvermögens von Zuckern. Reichsmark 1.—
15. JÄNECKE, ERNST. Über das reguläre vierdimensionale Fünfzell. Rm. 3.—
16. BOEHM, KARL. Über lineare Differentialgleichungen mit konstanten Koeffizienten und einer Störungsfunktion. Reichsmark 1.80
17. KAMKE, E. Über die eindeutige Bestimmtheit der Integrale von Differentialgleichungen II. Reichsmark 1.70

Jahrgang 1931. 1. PFANNENSTIEHL, MAX. Die Fauna der Kirchberger Schichten von Lohn am Randen. Reichsmark 2.75

2. SALOMON-CALVI, WILH. Radium-reiche Erdölsolen und das Problem der Herkunft ihres Radiums. Reichsmark 2.—
3. VOELCKER, J. Hippopotamus amphibius von Mauer a. d. Elsenz. Rm. 1.60
4. ERDMANNSDÖRFFER, O. H. Über Zoisitoligoklaspegmatit und seine Beziehung zu anorthositischen Magmen. Reichsmark 1.85
5. SCHMIDT, ARNOLD. Die Stetigkeit in der absoluten Geometrie. Reichsmark 1.80
6. KAUFMANN, BORIS. Parameterkurven ohne Halbtangenten. Reichsmark 1.90
7. HELLPACH, WILLY. Dritte Mitteilung zur Statik und Dynamik der deutschen Stammesphysiognomie. Reichsmark 2.20
8. SALOMON-CALVI, WILH. Epeirophorese. Teil III. Die vordiluvialen Eiszeiten. A. Die Eiszeiten des Tertiärs und Mesozoikums. Reichsmark 3.—
9. FREUDENBERG, KARL. Bemerkungen zur Stereochemie. Mit einem Anhang: Synthesen von Derivaten aktiver Aminosäuren. Reichsmark 2.20
10. MEHMKE, R. Über ein Gegenstück zum Eulerschen Satz vom ebenen Dreieck und zu dessen Verwandten im Raum und in höheren Räumen in der hyperbolischen Geometrie. Reichsmark 1.65
11. WEILER, W. Revision der Fischfauna des Septarientones von Wiesloch bei Heidelberg. Reichsmark 2.20

Jahrgang 1932. 1. SÖLCH, JOHANN. Der Rückzug der letzten Vergletscherung. Eine vergleichende Betrachtung. Reichsmark 2.50*

3. ROESER, ERNST. Über die nichteuklidischen regulären Polyeder. Reichsmark 2.—*
4. CESAREC, R. Über die Berechnung von Orthogonen der hyperbolischen Ebene. Reichsmark 2.20*

* *Subskriptionspreis. Bei Einzelbezug 20 % Aufschlag.*

WALTER DE GRUYTER & CO., BERLIN W 10 UND LEIPZIG

FSC
www.fsc.org
MIX
Papier | Fördert gute Waldnutzung
FSC® C083411

Zeitfracht Medien GmbH
Ferdinand-Jühlke-Straße 7
99095 Erfurt, Deutschland
produktsicherheit@kolibri360.de